DISCOURS D'OUVERTURE

ET

PROGRAMME DES LEÇONS DE L'EXERCICE 1864-65

du

COURS D'AGRICULTURE DE BORDEAUX

L'INONDATION DE LA GARONNE DE 1770

> « Et les eaux se renforcèrent, et s'accru-
> » rent fort sur la terre. »
>
> (*Genèse*, ch. VII, v. 18.)

Parmi les grands phénomènes que nous offre la nature, et dont le privilége est de surprendre et d'épouvanter, il en est bien peu cependant qu'il soit possible de considérer comme entièrement dépendants de causes tout-à-fait imprévues ; comme conséquences de circonstances tout-à-fait accidentelles. Si ces causes, si ces circonstances, échappent à nos yeux, certes ce n'est pas une raison pour les nier ; s'il arrive même que les savants n'aient pu les constater encore, cela ne saurait prouver non plus qu'il y ait eu trouble profond dans le merveilleux ensemble de la création; qu'il y ait eu dérangement essentiel dans quelqu'une de ses parties.

Les inondations des fleuves et des rivières peuvent être mises au nombre des grands phénomènes dont il s'agit : en est-il de plus subits, de plus imprévus en apparence; de plus propres à frapper les esprits, à jeter l'épouvante, à produire souvent d'irréparables malheurs?

Sans parler du grand cataclysme qui renouvela la face de la terre et dont les traces ineffaçables sont restées écrites jusque sur le sommet des plus hautes montagnes, quel est le pays, quel est le peuple qui n'ait conservé le souvenir de semblables évènements; qui ne l'ait amplifié; qui n'y ait ajouté, par la tradition, des détails plus ou moins incroyables, souvent tout-à-fait impossibles?

Certes on comprend, quand on a pu être témoin d'une inondation importante, cette tendance à grossir de pareils faits. Quelle que soit la puissance de l'homme sur sa raison, il est un moment cependant où celle-ci peut lui échapper; il est un moment où le spectacle qui s'offre à ses yeux, les malheurs dont il est témoin, ceux qu'il doit redouter, déconcertent son sang-froid, mettent en défaut ses calculs et le livrent sans réserve à une imagination qui croit tout, appréhende tout et ne voit plus de bornes aux maux dont il est menacé.

Il y a encore ceci de remarquable, c'est que les contrées sujettes aux inondations sont en même temps celles où se rencontrent habituellement en dehors de ce fait, à-peu-près toutes les conditions propres à assurer le calme et la quiétude : elles sont fertiles, gracieuses, riantes ; la culture y est facile et productive ; les villes y sont multipliées et les populations nombreuses. Les grands cours d'eau qui les traversent y tempèrent le climat, y réduisent les excès de froid et de chaleur, y rendent plus rares et moins intenses les grands phénomènes météorologiques que l'on voit si souvent ailleurs porter l'effroi et la désolation. Mais aussi, quand vient pour elles le moment solennel de balancer ce grand compte que semble tenir la Providence, d'heur et de malheur ; quand vient le moment des calamités et des souffrances ; quand vient le temps que l'on dirait fait pour démontrer tout le prix de tant de biens, de tant d'avantages ; alors ce qui pouvait exciter l'envie n'est plus digne que de la pitié, et l'on se demande bien souvent, si ce n'est pas payer trop cher les bénéfices d'une position exceptionnelle. C'est précisément la cause capitale de tous ces avantages, c'est-à-dire ce cours d'eau, cette rivière, ce fleuve, habituellement si calmes et si paisibles, qui deviennent l'instrument irrésistible, implacable, de l'épreuve qu'il faut subir. La masse de liquide ordinairement débitée, prend des proportions tout-à-fait en désaccord avec le canal qui lui livrait passage ; sa vitesse augmente selon une progression que mesure la physique et qu'elle assujettit à cette masse ; la vase, le sable, les cailloux, les débris de toutes sortes sont enlevés, broyés et entraînés, conformément à cette description du poète :

> Tel qu'à vagues épandues,
> Marche un fleuve impérieux,
> De qui les neiges fondues
> Rendent le cours furieux :
> Rien n'est sûr en son rivage;
> Ce qu'il trouve il le ravage;
> Et traînant comme buissons
> Les chênes et leurs racines,
> Ote aux campagnes voisines
> L'espérance des moissons.
>
> (MALHERBE.)

Tous ces phénomènes, nous le répétons, quels que soient leur soudaineté, leur étendue, leur aspect, leurs résultats, ont une raison d'être qui se maintient et se perpétue : comme conséquence de l'état physique du pays qui les subit et des lois naturelles régissant cet état : comme cause première des avantages qui le distinguent et des inconvénients qui peuvent aussi devenir son partage.

Pour avoir une idée de tout cela, des causes et de leurs effets, des lois et de leurs conséquences, recherchons d'abord les raisons physiques des grandes inondations de la Garonne, puis exposons le tableau de l'une de ces inondations les plus mémorables, de celle de l'année 1770.

I

Le bassin de la Garonne est, après ceux du Rhin et de la Loire, l'un des plus étendus de la France, sa superficie totale occupant 5,600,000 hectares. Ce bassin a pour limites, au Sud les Pyrénées, à l'Est et au Nord-Est les Cévennes et leurs différentes ramifications, à l'Ouest l'Océan où se rendent ses eaux.

Pour arriver à comprendre les phénomènes géologiques auxquels on doit l'établissement du bassin de la Garonne et, plus particulièrement de la grande vallée que parcourt ce fleuve et de celles beaucoup plus restreintes, où circulent ses affluents ; il faut se reporter, par l'imagination, à ces temps dont l'existence, nous venons de le dire, a laissé d'irrécusables témoignages, aux temps du déluge. Il faut se figurer les formidables eaux de ce grand cataclysme, se précipitant, du sommet des montagnes, chargées de débris ; prenant leur direction vers l'Océan et se rendant à ce grand réservoir, en corrodant, entraînant et broyant tout ce qui pouvait mettre obstacle à leur passage.

C'est ainsi que fut établie, bien au-dessous des niveaux antérieurs, la vallée au milieu de laquelle la Garonne promène aujourd'hui, des Pyrénées à l'Océan, ses eaux paisibles et fécondes. C'est ainsi que ses affluents, tant de la rive droite que de la rive gauche, furent mis en possession des parcours plus ou moins directs, plus ou moins accidentés, qu'ils n'ont cessé non plus de suivre depuis, pour lui porter le tribut de leurs eaux.

Par une autre loi de la physique dont les conséquences ont été décisives pour le régime ultérieur du grand fleuve, c'est surtout au milieu de la vallée qui lui est propre, dans le sens de son axe, que se produisit le plus grand effort des eaux diluviennes ; c'est là, c'est dans cette direction que leur puissance d'érosion, conséquence de la masse et de la vitesse des courants, atteignit son maximum d'effet. Ni les argiles les plus compactes, ni les marnes les plus tassées, ni les calcaires les plus durs, ne purent résister à l'action tout à la fois chimique et physique des eaux. De chaque côté de leurs parcours, les couches diverses du terrain antérieur furent mises à nu, montrant, comme les assises d'une vaste muraille, les matériaux qui les constituaient et affectant, dans le sens perpendiculaire à l'axe du fleuve, un degré d'inclinaison que réglèrent, soit ia rapidité des courants, soit la nature plus ou moins résistante des roches, soit enfin l'action de ces deux causes réunies.

Quand ces grands résultats, partage de la première manifestation des phénomènes que nous rappelons, se furent produits; quand fut faite la place de la vallée de la Garonne, quand fut creusé le lit de ce fleuve; alors d'autres résultats, conséquence d'un ensemble de faits plus calmes, plus réguliers, plus réparateurs si l'on veut, se produisirent à leur tour. Les eaux devenues beaucoup moins rapides, sur quelques points mêmes stationnaires, abandonnèrent, par la précipitation, les fragments terreux dont elles étaient chargées et qui troublaient leur transparence. Cet abandon, fait d'après les lois qu'indique la physique et que constatent tous les jours les fouilles opérées, commença par les parties les plus grosses et les plus lourdes de ces fragments, gravier, sable de plus en plus réduit, pour finir par les plus fines et les plus tendres, par la vase et le limon.

Ainsi fut formée, dans toute son étendue, de 750,000 mètres, cette plaine horizontale, en apparence, dont la Garonne parcourt le centre et que l'on dirait avoir été nivelée de main d'homme et par l'emploi des instruments les plus parfaits. Ainsi se trouva établi le lit de ce fleuve, avec les détours nombreux qu'il affecte, avec le peu de hauteur et le peu de solidité de ses berges.

II

Aujourd'hui que des milliers d'années nous séparent des époques témoins de tous ces faits; aujourd'hui que la nature a dès longtemps répandu la vie sur ce qui avait été le théâtre du bouleversement et de la destruction; aujourd'hui que la civilisation, les arts qu'elle comporte et surtout l'agriculture, ont pris possession des terrains ainsi formés et y ont trouvé d'immenses avantages, ce n'est plus qu'à l'aide de la science et en usant des observations, des constatations, des comparaisons qu'elle sait faire, qu'on peut se rendre compte de l'origine des terrains dits alluvionnels et de leur mode de formation.

Toutefois, il ne faudrait pas croire que tout, dans cet ordre de faits repose sur ce genre d'appréciation; il ne faudrait pas croire surtout que rien de ce qui se passe encore de nos jours n'est de nature à rappeler, à démontrer ce qui se passa autrefois. Loin de là, au contraire, nous sommes bien souvent témoins de phénomènes tout-à-fait identiques, pour leurs causes et pour leurs résultats, avec ceux dont nous venons sommairement de rappeler l'ensemble. Seulement l'échelle s'en trouve extrêmement réduite et les conséquences, quelle que puisse être leur étendue, n'en sauraient atteindre, Dieu merci, les proportions primitives.

Le fleuve qui a continué à couler dans la belle et riche vallée à laquelle il donne son nom ; le représentant, aujourd'hui calme et paisible, des eaux abondantes et tumultueuses qui creusèrent cette vallée, vient, comme étaient venues ces premières eaux, des monts pyrénéens. Comme alors, il reçoit encore dans son long trajet de nombreux affluents : toutes circonstances qui font qu'à certaines époques et sous l'influence de certains phénomènes, il peut par son abondance, son volume, sa rapidité, rappeler les scènes du grand cataclysme ; offrir le spectacle, tout à la fois désolant et sublime, de cette mémorable époque.

La Garonne n'est pas à proprement parler sujette aux inondations dans toute l'étendue de son cours, des Pyrénées à l'Océan. Ce genre d'accident n'est son partage que depuis le point où elle commence à couler en plaine, vers Saint-Gaudens, département de la Haute-Garonne, jusqu'à celui où elle rencontre le flux et le reflux de la mer, vers Langon, département de la Gironde, et au plus vers Cadillac et Langoiran.

Dans toute l'étendue de ce parcours, d'environ 300 kilomètres, ce fleuve a un lit peu profond et à bases peu solides. Ses eaux, dont la hauteur moyenne est de deux mètres, sont dominées par des berges presque partout sans consistance, et qui ne les surmontent que d'environ quatre mètres.

À Toulouse, dans l'état moyen, la Garonne débite 150 mètres cubes d'eau par seconde.

En largeur, la vaste plaine de la Garonne n'est pas non plus, il s'en faut de beaucoup, totalement submersible; la portion sujette à cet accident n'est, en moyenne, que de quatre kilomètres, ce qui peut représenter cependant, à certains moments donnés, une surface totale de 1,200 kilomètres couverte par les eaux.

Sur la rive droite, règne presque sans interruption une ligne de côteaux d'une hauteur moyenne d'environ 130 mètres, et d'une déclivité de 20 à 25 degrés. Ces côteaux, faciles à suivre jusqu'aux montagnes Noires et aux Cevennes, font que la plaine submersible de la rive droite est généralement beaucoup plus étroite que celle de la rive gauche, et que, même sur quelques points, elle n'existe pas : les eaux du fleuve ayant pour limites, pour obstacle contre lequel elles se heurtent avec fureur, ces mêmes côteaux qu'elles durent aussi respecter à des époques où leur abondance et leur impétuosité atteignaient des limites aujourd'hui inconnues.

Quel que soit le nombre, quelle que soit l'importance des affluents de la Garonne dans son parcours submersible, en réalité, ce ne sont pas ces affluents, ce ne sont pas surtout ceux de sa rive droite qui la rendent sujette à ces sortes de manifestations ; qui donnent à celles-ci ce qu'elles peuvent avoir de grand, de majestueux, de terrible.

C'est donc aux Pyrénées, immédiatement au pied de ces montagnes et des plus élevées d'entre elles, que se trouvent les causes premières et essentiellement déterminantes des grandes inondations de la Garonne. C'est parce que ce fleuve lui-même prend sa source dans cette localité, qu'il se trouve soumis à ces inondations, la plus part du temps tout-à-fait indépendantes des pluies que l'on croirait au premier abord devoir considérer comme y donnant lieu.

III

Pour parvenir aux sources de la Garonne, car elles sont au nombre de deux principales, pour voir ce que les gens du pays appellent, dans leur patois, l'*Œuïl dé Garounne* (l'Œil de Garonne), il faut pénétrer très-avant dans les Pyrénées, arriver sur le territoire espagnol, au lieu dit *Plan de Goüeoü*, et atteindre l'extrémité de la vallée d'Aran. Il est vrai que le petit pays que désigne ce dernier nom a longtemps fait partie de la France ; mais, depuis le mariage de Béatrix de Cominges avec un seigneur de la maison régnante d'Aragon, en 1192, il s'en était trouvé détaché, bien que pour le spirituel, cependant, il fût resté soumis à l'évêché de Cominges, jusqu'à la suppression de ce siége.

C'est au milieu d'un paysage tel que les montagnes seules peuvent en offrir, c'est comme ornement elles-mêmes du site où on les rencontre, que se voient les deux sources d'où s'élèvent, bouillonnent et s'échappent, pour se réunir bientôt, les premières eaux de la Garonne. Les premières eaux de ce beau fleuve, orgueil du Midi, destiné à fertiliser d'immenses campagnes, à faciliter le commerce, à enrichir plusieurs grandes villes, à former une mer, ainsi que le disaient les géographes anciens, et notamment Pomponius Méla, bien avant la rencontre de celle où se terminera son cours (1).

Un auteur du XVIIe siècle, chez qui nous trouvons d'importants renseignements pour nos contrées, a consacré à la Garonne, à son cours et à sa rencontre avec la mer, des lignes que nous ne pouvons nous empêcher de reproduire ici : ne serait-ce que

---

(1) « Mais près de l'Océan, lorsqu'après avoir reçu dans
» son lit la marée montante, elle roule ensuite ses eaux avec
» la marée descendante, on la voit se grossir et s'élargir de
» plus en plus à mesure qu'elle s'approche de la mer, de
» sorte qu'à son embouchure on la prendrait pour un large
» détroit; non-seulement alors elle porte des bâtiments consi-
« dérables, mais, comme une mer orageuse, elle leur fait
» éprouver d'horribles tourmentes, surtout quand il arrive
» que le vent souffle dans une direction contraire à la sienne.»
(*Traduc. de M. J.-J.-N. Huot.*)

pour montrer comment alors on savait poétiser tous les sujets :

« La Garonne, dit-il, a jusqu'ici recherché l'Océan, et ça été pour se joindre à lui, et trouver son repos dans le sein de la mer, qu'elle a entrepris des voyages si hazardeux parmi tant de provinces ; qu'elle a roulé sur les rochers, et abordé les villes et les forteresses bâties sur ses bords, pour obtenir la liberté du passage, et se rendre en la maison commune des eaux : maintenant l'Océan la recherche, et vient au-devant d'elle depuis Royan jusqu'à Saint-Macaire, pour lui rendre ses civilités et lui présenter les clefs de ce grand et vaste empire que la nature lui a donné. Le reflux, qui monte deux fois en vingt-quatre heures, et qui croist ou décroist avec la lune ; les bateaux qui montent et descendent avec le flot ; les rivages qui retentissent du bruit des avirons et des chants des bateliers ; les rets que les pêcheurs jettent de tous côtés en la saison, et qu'ils retirent pleins de mules et d'aloses, que ceux du pays nomment *colacs;* l'ambre gris, qui se trouve assez souvent sur les rivages, et cette grosse flotte de navires, qui vient deux fois l'année au port de Bordeaux, sont des témoignages certains de l'étroite alliance que la mer contracte avec la Garonne et des objets de sa faveur (1). »

____

(1) Bleau : *Du Bourdelois.*

Un fait bien important, par rapport à notre sujet, c'est que la Garonne, avant d'avoir quitté les montagnes, au moins avant d'avoir descendu leurs derniers contre-forts, s'est vue fortifiée par plusieurs autres cours d'eau ayant la même origine qu'elle, notamment par le Salat sur sa rive droite, par la Neste sur sa rive gauche.

En nous bornant à mentionner ici ces principaux affluents, grossis eux-mêmes par de nombreux et importants ruisseaux, nous pouvons nous figurer la Garonne, à sa naissance, comme puisant par trois principaux canaux, les eaux que peuvent lui fournir les montagnes. En mesurant l'espace qui sépare la source du Salat de celle de la Neste, distance au milieu de laquelle se trouvent celles de la Garonne, nous pouvons encore reconnaître que la partie des montagnes fournissant ces eaux, a un développement d'au moins 130,000 mètres.

Si l'on joint à cet ensemble la rivière de l'Ariége, d'origine également pyrénéenne, avec les ruisseaux nombreux qu'elle rencontre et qu'elle reçoit, on aura le tableau complet des relations nombreuses et directes existant, dès son origine, entre la Garonne et les montagnes des Pyrénées.

On comprendra comment, indépendamment des sources régulières de ces nombreux cours d'eau, les lacs permanents ou passagers, les torrents que déterminent les pluies, les infiltrations s'échappant

des précipices, peuvent ajouter à leurs volumes et
rendre, par moments, tout-à-fait insuffisantes leurs
voies d'écoulement.

IV

Cependant, malgré toutes ces causes premières
de l'entretien habituel et de l'augmentation acci-
dentelle des eaux de la Garonne, causes auxquelles
peuvent ajouter aussi et par les mêmes motifs ses
autres affluents, nous ne la verrions pas néanmoins,
à certaines époques, se convertir en une véritable
mer, s'il n'était pour elle des sources encore plus
abondantes, encore plus subites. Nous voulons
parler des neiges; des neiges dont se montre perpétuellement couvert le sommet des Pyrénées.

Dans un monde où tout se tient, où tout se lie,
où tout est soumis à la loi de la solidarité, il a été
dès longtemps démontré que les plaines se trouvaient
étroitement assujetties aux montagnes. Déjà nous
avons vu ces dernières exercer sur les autres, lors
de leur formation, une action puissante et décisive;
reconnaissons maintenant que cette action n'a pas
cessé de se produire et que c'est aux montagnes
que sont dus le maintien de nos fleuves, leur influence décisive sur l'agriculture, l'état sanitaire des
contrées qu'ils traversent, les facilités qu'ils offrent
pour les relations des hommes entre eux, pour le

transport des denrées, pour la mise en activité des usines les plus puissantes.

Ainsi que le dit l'auteur d'un ouvrage capital en ce genre et en se plaçant à un point de vue tout-à-fait semblable au nôtre, « le fait caractéristique de l'influence des hautes montagnes, consiste dans la propriété qu'elles ont, en pénétrant dans les régions froides de l'atmosphère, de conserver perpétuellement, autour de leurs points culminants et dans les hautes vallées qui s'y rattachent, des masses énormes de neiges et de glaces, qui paraissent être dans ces âpres régions, aussi anciennes que le monde. Toujours fondues en partie, par les chaleurs de l'été, toujours restaurées par le retour de l'hiver, on ne saurait dire si elles tendent à diminuer ou à s'accroître...... (1) ».

La cause physique de cet état des choses est due à la propriété qu'a la température atmosphérique de diminuer à mesure que, d'un point déterminé, on s'avance verticalement vers les régions supérieures; vers les régions où se meuvent les astres et où il règne un froid, d'après les calculs des mathématiciens Fourrier et Svanberg, de — 50° environ. On s'est assuré en outre, par des observations nom-

---

(1) M. Nadault de Buffon : *Des irrigations*, t. 1, Introduction.

breuses, que la diminution dont il s'agit pouvait être estimée, terme moyen, à 1° du thermomètre centigrade par 180 mètres d'élévation. Enfin, on a constaté encore que la limite des neiges éternelles devait s'élever ou s'abaisser selon le degré de latitude des montagnes ; que cette limite était plus haute dans l'hémisphère Nord qui est relativement plus chaud que dans l'hémisphère Sud qui est plus froid.

C'est en se basant également sur ces constatations diverses et sur de nombreuses observations suivies dans les deux mondes, que M. de Humboldt a pu donner une table des hauteurs des neiges éternelles dans diverses chaînes de montagnes et porter cette hauteur, pour les Pyrénées en particulier, à 2728^m au-dessus du niveau de la mer.

V

Lorsqu'on jette un coup-d'œil sur les cartes destinées à retracer le profil des Pyrénées, on voit ces montagnes s'élever de plus en plus, en partant de leurs extrémités Sud et Ouest, de la Méditerranée et de l'Océan, de Perpignan et de Bayonne, pour arriver à leur centre. On les voit de plus en plus approcher leurs sommets de la limite inférieure des neiges éternelles, atteindre cette limite et la dépasser.

Un naturaliste qui publiait ses observations à la fin du siècle dernier, au temps où des calculs positifs n'avaient pas encore été faits, le respectable M. Palassou, avait déjà deviné que la *Maladetta*, située au centre de la chaîne, était la plus haute montagne des Pyrénées, et voici comment il exprimait les motifs d'une opinion devenue aujourd'hui une certitude : « Nous voici enfin arrivés à la partie la plus haute des Pyrénées ; on a vu ces montagnes s'élever à mesure qu'elles s'éloignaient des bords de l'Océan : les rivières se sont ressenties de cette progression ; leur volume d'eau a augmenté à proportion de la hauteur des montagnes d'où elles tirent leur source. Le terrain des vallées a dû également s'agrandir, puisqu'elles sont l'ouvrage des torrents. La Garonne, sans contredit la plus grande rivière des Pyrénées, sert à confirmer ces principes incontestables, de même que la belle et large vallée qu'elle a formée. »

C'est effectivement au pied de la plus haute, de la plus majestueuse, de la plus neigeuse montagne des Pyrénées que la Garonne prend sa source ; c'est au pied de la montagne, que décrit ainsi Ramond, le narrateur le plus fidèle et le plus pompeux de ces grands faits de la nature : « Bientôt une cime majestueuse sort du chaos de celles qu'on laisse derrière soi ; du haut du col, enfin, on la voit dans toute sa hauteur, couverte de neiges éternelles, ceinte de larges bandes de glaces, et dominant tout ce qui l'entoure avec une grande supériorité. C'est la *Maladetta* : montagne réputée inaccessible, et nommée comme le Mont-Blanc, la *Maudite*, parce qu'elle ne fournit point de pâturages. »

La *Maladetta* ou *Pic de Néthou* atteint 3,404^m de hauteur, dépassant ainsi la ligne des neiges éternelles de 676 mètres. Qu'on juge d'après cela des immenses réserves faites par la nature pour l'entretien de la Garonne ; pour garantir ce fleuve de l'atteinte des chaleurs et des sécheresses particulières à notre climat ; pour prévenir l'interruption de l'action bienfaisante qu'il doit exercer sur des terres exposées à être profondément desséchées ; exposées à voir leurs sources tarir, les arbres qu'elles nourrissent perdre leurs feuilles bien avant l'époque annuelle marquée pour ce phénomène, leurs herbages jaunir et se dessécher, les hommes et les animaux qui les habitent souffrir de la privation d'eau !

Un auteur déjà cité comme ayant étudié tous ces phénomènes au point de vue de l'irrigation, signale ainsi ce fait capital des harmonies de la nature : « Cette conservation des neiges, dit-il, sur les points culminants de notre planète, est une des grandes harmonies de la nature, à laquelle on ne saurait attacher trop d'intérêt. Elle contribue puissamment à améliorer la situation hydrographique des lieux circonvoisins ; car jamais les eaux courantes ne sont plus aptes à devenir une source féconde de richesse que lorsqu'elles remplissent bien ces deux conditions : abondance et régularité. »

Nous pourrions encore ajouter aux démonstrations de cette admirable harmonie, en faisant remarquer de nouveau les moyens, non moins admirables, employés pour en garantir le bénéfice aux divers climats : c'est-à-dire, la plus grande élévation des montagnes, à mesure que l'on s'avance vers des latitudes plus chaudes.

Mais ce serait trop s'engager dans des faits dont nous ne voulons ici que signaler une des plus remarquables et des plus utiles conséquences. Seulement, faisons observer encore que les Pyrénées sont situées au 43° degré de latitude nord. Mentionnons qu'au pied de ces montagnes, la température annuelle est + 15°,7, et la température de l'été + 24°,0. — L'ensemble de ces phénomènes fait que chaque année, quand arrive la saison où les chaleurs deviennent fortes et soutenues, où les pluies sont rares, la réserve des neiges montagneuses est progressivement attaquée et fournit l'eau qui ne saurait venir d'ailleurs. Cet ensemble fait encore que, dans les étés exceptionnellement chauds, ces attaques sont poussées plus loin, pour répondre à des nécessités plus grandes et plus soutenues.

Mentionnons surtout, et telle est la conséquence

qui nous intéresse le plus en ce moment, que cette même réserve de neiges peut aussi être attaquée à d'autres moments qu'à l'été, et par d'autres causes que celles que doit déterminer cette saison. Que cette attaque peut ainsi être faite, alors que les besoins du fleuve ne la nécessitaient pas ; alors que déjà d'autres moyens, tels que les pluies longues et abondantes, ajoutaient outre mesure au régime de ses eaux.

VI

Dans son parcours submersible, la Garonne reçoit un certain nombre d'affluents que l'on pourrait croire tous de nature à agir d'une manière décisive sur ses inondations, si déjà on ne connaissait la cause essentiellement déterminante de ces dernières. Ces affluents sont, sur sa rive droite, le Tarn et le Lot; sur sa rive gauche, l'Ariége, le Gers et la Baïse.

Les premiers de ces affluents, le Tarn et le Lot, ont des sources en quelque sorte régulières : ce sont les eaux tombant sur les montagnes où naissent ces sources, en neige ou en pluie, suivant la saison, s'infiltrant au travers de leurs couches, et s'épenchant enfin là où ces couches leur offrent une issue suffisante. Un tel système, qui est celui de la nature dans la production de toutes les eaux jaillissantes, est toujours soumis à des régles dont la fixité et la constance se trouvent rarement en défaut, et qui ne peuvent être modifiées qu'à ces époques exceptionnelles que déterminent, soit des pluies en dehors de toute prévision, soit des sécheresses également remarquables, par leur durée et par l'étendue de pays qu'elles embrassent.

Des cours d'eau ainsi alimentés, ne peuvent être rangés dans la catégorie de ceux dont les crues sont subites, rapides et telles qu'on les voit souvent sortir de leurs lits et couvrir sous leurs masses de vastes plaines. Sans doute des pluies abondantes et prolongées sont de nature à amener de tels résultats, mais ces résultats sont rares et presque toujours renfermés dans des limites beaucoup plus étroites que ne semblerait le faire présumer leurs causes apparentes.

Une autre circonstance importante, c'est que les vallées du Tarn et du Lot, primitivement ouvertes par des courants diluviens beaucoup moins considérables que ceux auxquels on attribue l'ouverture de la vallée de la Garonne, sont relativement beaucoup moins larges et offrent une étendue alluvionelle beaucoup plus réduite.

Il est à remarquer aussi que le lit de ces rivières se trouve généralement établi dans les couches calcaires de la formation tertiaire; qu'il est profond, à pente rapide et à berges solides et escarpées. Tel est particulièrement celui du Tarn, depuis sa source jusqu'à Montauban , et celui du Lot, depuis sa source jusqu'à son embouchure. La première de ces rivières a un parcours total de 355,000^m, une largeur moyenne de 99^m , et une hauteur d'eau également moyenne de 2^m 60. La seconde a un parcours de 430,000^m, une largeur de 100^m, et une hauteur d'eau de 2^m.

Parmi les affluents du Tarn, tous à-peu-près dans les mêmes conditions que cette rivière , nous devons spécialement mentionner l'Aveyron, qui donne aussi son nom à un département, et qui a acquis une certaine importance quand cesse son cours particulier.

On a vu, il est vrai, les eaux du Tarn atteindre la hauteur de 11^m 67, et s'étendre par conséquent sur la plus grande partie de la plaine qu'il arrose ; mais ces faits sont exceptionnels. On a vu aussi celles du Lot, comme en 1646, où fut renversée une partie du pont de Villeneuve, ou comme en 1783, porter les siennes jusqu'à 18^m. Mais ce sont là encore des faits exceptionnels dus à des circonstances qui ne peuvent se renouveler qu'à de très-longs intervalles. Habituellement, l'augmentation de ces cours d'eau, due à des pluies subites et abondantes, se manifeste rapidement et se dissipe avec la même promptitude. Témoin ce proverbe usité dans les contrées qu'ils arrosent :

Qui passo lou Lot, lou Tarn et l'Aveyrou,
N'est pas ségu dé tournar en sa maïsou.

A l'égard des affluents que la Garonne reçoit sur sa rive gauche, dans l'étendue de son parcours sujet aux submersions, des faits autrement importants et autrement décisifs, par rapport au sujet qui nous occupe, sont la conséquence de leur rencontre : bien cependant qu'ici encore la cause capitale de ces submersions reste principalement le partage du fleuve dont les sources sont dans les montagnes mêmes des Pyrénées. Ces affluents sont l'Ariége., le Gers et la Baïse.

L'Ariége a une origine toute pyrénéenne et son importance, par rapport au point où elle se lève et aux nombreux ruisseaux qu'elle réunit, ne saurait être méconnue. Nommée par les latins *Aurifera*, à cause des paillettes d'or qu'elle roule, cette rivière porte en tout temps à la Garonne des flots abondants auxquels la fonte des neiges peut ajouter dans une très-grande proportion.

A l'égard du Gers et de la Baïse, on ne peut pas les placer exactement dans la même catégorie, bien que leurs eaux cependant aient une même origine et qu'elles soient aussi, jusqu'à un certain point, sujettes aux mêmes causes d'augmentation.

Effectivement, les sources qui les alimentent sont tout-à-fait hors des montagnes proprement dites. Elles se rencontrent sur un de leurs derniers plateaux, sur celui de Lannemezan, en quelque sorte hors de la sphère directe de l'action des neiges, de l'influence directe qu'elles peuvent exercer sur le régime des cours d'eau.

Néanmoins, on comprend que lorsque la Garonne sort de son lit pour donner lieu à quelqu'une de ces inondations qui font époque dans la vallée qu'elle arrose, le contingent d'eau qui peut lui être fourni en cette circonstance lui parvient principalement par ses affluents de la rive gauche ; par ceux de ces affluents qui ont, comme elle, une origine plus ou moins pyrénéenne et qui, en cette qualité, participent aussi plus ou moins au bénéfice de la fonte des neiges.

Obligé, en 1856, de revenir d'Auch à Bordeaux, au moment où commençait la grande inondation du mois de Mai de cette année, nous nous rappelons que le Gers, beaucoup plus remarquable par la longueur que par l'importance de son cours, avait déjà pris des dimensions considérables et tout-à-fait propres à faire juger de l'abondance de ses sources en ce moment.

VII

De tous les faits dont nous venons de présenter le tableau sommaire, il est logique de conclure, par rapport aux inondations de la Garonne : premièrement, que ces inondations n'ont pas uniquement pour causes déterminantes de longues pluies : secondement qu'elles réclament, surtout aux époques de leurs plus grandes manifestations, d'autres phénomènes météorologiques, d'une action , pour elles, tout aussi directe et tout aussi décisive.

Ces phénomènes sont principalement : l'accumulation préalable des neiges sur les montagnes des Pyrénées ; l'apparition , surtout au Printemps et à l'Été, des vents susceptibles d'amener la fonte rapide de ces neiges , Sud et Sud-Ouest.

Bien que l'histoire , autrefois si indifférente pour tout ce qui n'était ni intrigues politiques, ni alliances de souverains, ni guerres, ni batailles, ne nous ait pas conservé la date et les détails sommaires des inondations de la Garonne , depuis le temps où on aurait pu les observer , où on aurait eu intérêt à le faire , néanmoins nous en connaissons assez pour pouvoir dire qu'effectivement c'est par la fonte des neiges que ces sortes d'accidents prennent leurs plus grandes proportions , acquièrent leurs plus grandes forces.

Les premières mentions de ce genre , auxquelles on peut avoir confiance , remontent à l'année 1428 et il est probable que depuis ce moment jusqu'à la fin du XVIIe siècle, ces mentions se sont bornées aux évènements les plus mémorables, à ceux qui ont le plus frappé l'opinion publique. Plus tard, on a été plus exact et il ne faudrait pas confondre cette plus grande exactitude avec une aggravation qui semblerait dès-lors être le partage du XIXe siècle, du temps dans lequel nous vivons.

Nous aurions pu, à l'exemple de ce qu'a fait le Dr Fuster, pour la France en général (1), rechercher dans les anciens écrits, notamment dans ceux qu'ont laissés les corporations religieuses, des indications plus ou moins exactes, plus ou moins complètes sur le sujet qui nous occupe. Évidemment les années que cite cet habile météorologiste, comme ayant particulièrement été témoins d'inondations dans le Midi, n'ont pu agir sur la Garonne autrement que sur le Rhône, la Saône, la Durance, etc......., qu'il mentionne plus particulièrement. Ainsi notamment les années 1010, 1196, 1358, 1374, 1390, etc......

Mais nous devons restreindre notre sujet au lieu de chercher à l'étendre davantage et c'est pour cela que nous nous bornerons à dire, qu'en fait d'inondations de la Garonne, les documents spéciaux ne remontent pas au-delà du XIVe siècle, de l'année 1346, la première mentionnée dans ces documents. Dans le XVe, nous en trouvons trois; dans le XVIe, deux; dans le XVIIe, quatre; dans le XVIIIe, neuf; dans le XIXe, dix-neuf.

---

(1) *Changements dans le climat de la France.*

Parmi ces évènements, au nombre de 38, voici ceux qui paraissent devoir être particulièrement cités :

1430. — M. de Saint-Amans *(Hist. du départem. de Lot-et-Garonne)* le qualifie ainsi : « Affreux débordement de la Garonne. »

1435. — Le même historien dit : « D'après les écrits contemporains, c'est le plus grand débordement de cette rivière, dont on ait conservé le souvenir. Labrunie le croyait beaucoup plus considérable que celui de 1770. »

1599. — « Une inondation terrible ravagea la belle vallée de la Garonne. » (M. Samazeuilh ; *Hist. de l'Agenais.*)

1652. — Il fut suivi d'une maladie qui emporta la moitié des habitants d'Agen.

1712. — La tradition locale en a conservé le souvenir, sous le nom de : *Aygat dé la sen Barnabè* (11 Juin, jour de sa plus grande hauteur). « Des fièvres pourprées, écrit M. de Saint-Amans, mirent le comble à tous les désastres et firent mourir grand nombre d'habitants de la campagne. »

1770. — Celui dont nous nous occupons.

1802. — Ce fut à propos de cette inondation qu'un poète de la localité, un émule de Jasmin, M. Daurée de Courtets, composa une pièce de vers patois, sous le titre : *Las larmos del Grabè* (Les larmes du Gravier). Il disait entr'autres :

Lou pescaré tend lou bergat
Où las damos d'Agen fasious lours perménados
Et l'agnel escanait de set
Où lous peichs lous pu grands, dins mens dé qatre an-
Farran lou capuchet (1).   [nados]

1827. —
1835. —
1843. — } remarquables par l'élévation des eaux.
1856. —

Quelques personnes, dit l'auteur de la *Statistique de Lot-et-Garonne*, M. Lafon du Cujula, ont pensé que les grands débordements de la Garonne étaient réglés par une période de 19 ans, qui coïncide avec le cycle lunaire. Les chiffres ci-dessus sont tout-à-fait contraires à cette périodicité.

Voici au surplus ce qu'on lit sur une muraille du port de Langon, comme résultat des observations faites par l'administration de la marine :

---

(1) Le pécheur tend la gaffe
Où les dames d'Agen faisaient leurs promenades
Et l'agneau s'étrangla de soif
Où les poissons les plus grands, dans moins de quatre ans
Feront le plongeon.

7 Avril 1770.	*11 Janvier 1807.*
30 Janvier 1791.	*6 Février 1833.*
2 Juin 1856.	*17 Février 1811.*
18 Janvier 1843.	*11 Janvier 1844.*
5 Juin 1855.	*9 Janvier 1826.*
2 Juin 1835.	*11 Février 1844.*
24 Mai 1827.	*2 Mai 1837.*

La maison Capdeville, à Barsac, voisine de la cure, possède aussi des inscriptions du même genre, remontant jusqu'à 1709 et 1712.

VIII

L'observation populaire aussi bien que celles de la science, sont donc d'accord pour assigner, comme causes déterminantes des grandes crues de la Garonne : d'abord l'accumulation des neiges sur les montagnes des Pyrénées, pendant l'hiver; puis la fonte subite de ces neiges au Printemps ou à l'Été, sous l'influence de certains vents, ceux de Sud et de Sud-Ouest.

Le vent de Sud, au Printemps, fait fondre les neiges des Pyrénées; et lorsque la couche en est d'une grande épaisseur, leur fonte subite fait déborder la Garonne. Le fleuve, en franchissant ses rives, couvre de ses eaux les terrains qui l'avoisinent et même, quoique très-rarement, presque toute la vallée (1).

Or, pour nos contrées, pour le bassin de la Garonne, les vents de la région du Sud ne sont pas il s'en faut de beaucoup les plus fréquents et il faut s'en réjouir ; car s'il en était autrement nous serions exposés à voir se reproduire beaucoup plus souvent le grand phénomène des inondations. « A mesure que l'on s'avance vers le Sud, dit M. Ch. Martins, les Pyrénées forment une barrière qui arrête ces vents, et ceux d'Ouest deviennent alors prédominants (2). »

Le même physicien, établit encore comme suit, pour Toulouse, la fréquence des vents des différentes régions. Sur 1000, ces vents soufflent :

De la région du Nord. . . 102 fois.
—   de l'Est. . . 333
—   du Sud. . . . 87
—   de l'Ouest. . 478

De son côté, Jouannet, dans la *Statistique de la Gironde*, confirme cette assertion, en disant qu'il résulte d'observations non interrompues et remontant à l'année 1718, que les vents dominants parmi

---

(1) Barteyrès.
(2) *Patria*, p. 252.

nous sont ceux de la région de l'Ouest et dans l'ordre suivant : Ouest, Nord-Ouest, Sud-Ouest.

Pour nous encore et pour tout le vaste bassin dont nous faisons partie, les vents de la région de l'Ouest, sont des vents humides ; ceux de la région de l'Est, des vents secs ; ceux de la région du Nord, des vents froids ; ceux de la région du Sud, des vents chauds.

Ce sont au surplus les vents de cette dernière région qui acquièrent, en Languedoc, une force souvent excessive et donnent lieu à des élévations de température extrêmement sensibles.

« Il règne dans le Languedoc..... un vent dont la direction est entre l'Est et le Sud-Est et même le Sud. Il est faible à Narbonne et à Adge, où l'on commence à le sentir. Il se renforce en avançant, et après avoir passé Castelnaudary, il souffle avec une si grande violence, qu'on peut dire sans exagération qu'il ébranle les maisons, qu'il enlève les toits et qu'il déracine les arbres. Ce vent est chaud, lourd et pesant, il engourdit et abat les hommes et les animaux, il rend la tête pesante, il ôte l'appétit et il paraît gonfler tout le corps...... On donne à ce vent le nom de *vent d'Autan* (1) ».

Non moins funeste aux produits de la terre, ce

----

(1) Astruc : *Mémoires pour l'hist. nat. du Languedoc.*

vent a à peine soufflé que le ciel s'embrase, la terre se dessèche et se fend, la végétation souffre, languit, s'arrête. Devient-il violent, il couche et égrène les récoltes, etc..... (1).

Ces détails, joints à l'effet que produit encore le vent de Sud à l'extrémité du bassin de la Garonne, au point où nous nous trouvons placés, sont bien suffisants pour faire comprendre comment agit ce vent, comment à la fin de l'Hiver, au Printemps, à l'Été même, quand les chaleurs n'ont pas encore réduit les neiges déposées sur les montagnes, il peut accélérer leur fonte, multiplier les torrents qu'elles forment, grossir outre mesure et faire sortir de leurs lits les cours d'eau dont les sources sont aux pieds de ces montagnes.

Voici au surplus quelques indications fournies par l'observatoire de Toulouse et qui sont de nature à confirmer les faits qui précèdent.

Il s'agit, dans cette ville, de la direction des vents et des *maxima* de températures observées plus ou moins immédiatement avant l'inondation de 1855 et avant celles de 1856, les dernières que l'on ait enregistrées.

____

(1) *Le département de la Haute-Garonne*, par MM. les Inspecteurs de l'Agriculture.

Inondation du 5 Juin 1855

26 Mai. — Vent S.-E. — Température maximum + 20°9
29 »   »   S.-E.   »   22.0
30 »   »   S.-E.   »   23,7
 5 Juin.   »   S.-E.   »   27,2

Inondation du 10 Mai 1856

6 Mai.   »   S.-E.   »   20,8
7 »   »   S.-O.   »   16,0

Inondation du 1er Juin 1856

27 Mai.   »   S.-E.   »   26,0

Inondation du 16 Juin 1856

1er Juin. »   S.-E.   »   20,3
 2 »   »   S.-E.   »   20,1
 3 »   »   S.-E.   »   26,0
 4 »   »   S.-E.   »   28,2
 5 »   »   S.-E.   »   21,8
13 »   »   S.-E.   »   30,0
14 »   »   S.-O.   »   18,0

IX

L'Hiver de 1770 réunit toutes les conditions de froid et de neige qui devaient préparer la grande inondation du mois d'Avril. Pour prouver ce fait et quelques autres qui vont suivre, nous aurons recours aux observations météorologiques laissées par

M. le chevalier François de Vivens, de Clairac (1);
observations qui comprennent les années de 1739
à 1778. Voici les annotations qui nous intéressent :

JANVIER 1770. — Le 5, tempête la nuit; tonnerre;
neige le soir. Le 7, *neige* abondante. Le 8, eau d'un
ruisseau glacée à 10 lignes d'épaisseur. Le 9, glace
de 14 lignes. Le 10, glace de 2 pouces et *neige*
continuelle. « Mes mains se glacent en écrivant au-
près d'un bon feu; » *neige* à 9 heures du soir. Le
11, *neige* continuelle. Le 12, glace de 2 pouces $^1/_2$
d'épaisseur. Le 15 « la nuit précédente, il n'y a
guère eu personne qui n'ait éprouvé un froid glaçant
dans son lit. »

A Montauban, *neige* les 7, 8 et 9. Le 10, il y en
avait un pied d'épaisseur.

FÉVRIER. — Le 4, gelée et glace. Le 8, *neige*
menue et par bourrasques. Le 10, forte gelée, la
glace des ruisseaux à un demi-pouce. Le 11, la
glace a un pouce.

MARS. — Le 20, *neige*. Le 21, *neige* continuelle.
Le 22, 6 pouces de *neige*. Le 25, on voit le Lot
glacé.

---

(1) Membre de l'une des plus honorables familles de l'Agenais. Né en 1697, mort à Clairac le 20 Août 1780. Auteur
d'ouvrages estimés sur la physique et l'agriculture et d'observations météorologiques du plus haut intérêt.

Ainsi, dans le Lot-et-Garonne, contrée où la neige est aussi rare que parmi nous, on vit, durant l'Hiver de 1770 et le commencement du Printemps, ce météore se produire sept fois. Trois fois en Janvier, une fois en Février, trois en Mars. On le vit aussi se produire avec abondance sur d'autres points du bassin de la Garonne, notamment à Montauban, et le judicieux observateur qui nous fournit ces renseignements, ajoutait : « Il faut qu'il ait tombé beaucoup de neige sur les montagnes. »

Maintenant voici encore et toujours d'après le même observateur, la mention des jours qui précédèrent immédiatement l'inondation : — Le 3 Avril, à 9 h. $^1/_2$, « explosion subite de vent très-fort, bourrasques de bruine légère venant de l'Ouest. » A 4 h., « bourrasque de vent sans pluie, venant du Nord-Ouest. » Le 4, à midi, « bruine continuelle.... qui a repris par bouffées subites de l'Ouest ; temps sombre et couvert partout. » Le 5, « alternatives de pluie et de beau ; le temps s'éclaircit et se rembrunit, le vent se relâche et se renforce ; bouffées de vent de l'Ouest et du Sud-Ouest. »

C'est sous ces influences, c'est comme conséquence de cet ensemble de phénomènes bien faits pour assombrir, pour attrister une contrée ordinairement si gracieuse et si gaie, aux premiers jours d'Avril, au moment du réveil de la végétation, qu'apparurent enfin les symptômes précurseurs du grand cataclysme qu'elle allait subir; ou plutôt, que se manifesta ce grand cataclysme; car tout était prêt depuis longtemps pour cette manifestation, qui fut prompte comme l'éclair, terrible comme la foudre.

X

On touchait à la fin du Carême. Pâques, cette année, tombait le 15 Avril, et le Dimanche précédent, 7 Avril, l'église devait célébrer la fête des Rameaux. Voilà pourquoi, les riverains de la partie inférieure de la Garonne, pour qui le maximum de la crue se rencontra ce Dimanche, donnèrent à l'inondation de 1770, le nom d'*Inondation des Rameaux*, en patois : *Aygat dé Raméoüs*.

Sur tous les points un peu importants du cours du fleuve, soit par les municipalités, soit par d'autres administrations, soit enfin par de simples particuliers, des relations furent dressées, pour conserver le souvenir et enregistrer les détails de ce grand évènement. Nous allons en présenter les faits principaux :

A Agen, l'auteur d'un manuscrit devenu très-précieux pour l'histoire de cette ville, Malebaysse, s'exprime ainsi : « Le Jeudi 5 Avril 1770, la rivière de la Garonne commença à augmenter avec grande force dans l'après-midi. Tout le Gravier fut couvert d'eau et pendant la nuit elle augmenta si fort que le lendemain Vendredi du dit mois, elle entrait dans la ville par plusieurs endroits..... Le débordement fut si grand que l'eau monta 29 pieds 6 pouces au-dessus de son niveau ordinaire...... Toute la plaine fut inondée, à prendre depuis le chemin de Toulouse jusqu'à la rivière...... Vers les quatre heures (le Vendredi 6) après-midi, l'eau commença à diminuer bien doucement et le lendemain vers les six heures du soir, le Gravier parut aux endroits les plus élevés. L'inondation monta trois pans (1) et deux pouces plus haut que lors de la grande inondation de *Saint-Barnabé* qui arriva le 11 Juin 1712. Cette remarque est écrite contre le mur, dans le cloître des RR. PP. Augustins. »

A Tonneins, un témoin oculaire consignait ce qui suit, dans une lettre écrite le 9 Avril : « Le Dimanche 1er du courant, le temps fut fort incertain, le vent Ouest, froid, avec des grains de pluie. Les Lundi et Mardi le temps fut le même, le Mercredi il se renforça, la pluie fut plus abondante ; la nuit il fit une tempête, le vent était tantôt au Sud, tantôt à l'Ouest. Pendant ces trois jours la Garonne resta dans son lit ; elle ne commença à sortir que le Mercredi matin ; elle augmenta si prodigieusement qu'elle fut campée à midi par toute la plaine...... »

---

(1) Ou empans, mesure qui représentait $0^{,m}225$.

A La Réole, les maire et échevins avaient écrit dans un procès-verbal qui porte la date du 10 Avril : « Le 5 de ce mois, après plusieurs jours d'une pluie continuelle, les eaux de la Garonne commencèrent à grossir et continuèrent à augmenter. Le 6, elles sortirent de leur lit. Cependant jusque-là il ne paraissait pas qu'on eût à craindre un débordement extraordinaire ; mais tout-à-coup, ce jour-là, à l'entrée de la nuit, les eaux augmentèrent avec tant de fureur, que, dans moins de six heures, elles s'élevèrent à une hauteur si prodigieuse, qu'il n'y a point d'exemple qu'elles soient jamais venues à ce point là. Les eaux continuèrent à augmenter de 13 à 14 pouces (0^{m}35 à 0^{m}37) par heures jusqu'à midi du lendemain 7 du courant. »

A Langon, l'administration des Ponts et Chaussées avait constaté, dans un procès-verbal officiel : d'abord que l'inondation du 7 Avril s'était produite pendant la pleine lune de Mars et les grandes marées de l'équinoxe ; en second lieu qu'elle avait coïncidé avec des vents de Sud-Ouest, d'Ouest, ou du Nord d'une grande violence. Le même procès-verbal disait ensuite, qu'afin de perpétuer à jamais les repères et niveaux d'une pareille inondation, que l'on met au-dessus de celle de 1712, arrivée le 11 Juin, jour de saint Barnabé ; de celle de 1652 arrivée au mois d'Août ; de celle de 1618 arrivée au mois de Décembre, on avait établi ces repères derrière l'église de

Langon, au troisième arc-boutant. « Or, continuait-
il en 1618, l'eau monta à 3 pieds 4 pouces au
derrière de l'église... Elle monta à 3 pieds 8 pouces
le jour de saint Barnabé 1712. Et en 1770, l'eau
monta de 5 pieds 4 pouces au troisième arc-boutant,
suivant qu'il est marqué au dit arc-boutant... (1) »

IX

Il faut avoir habité la contrée sujette à de tels
accidents, il faut avoir connu toute la beauté, avoir
apprécié tout le charme de cette contrée, aux jours
de calme et de prospérité, pour pouvoir se faire
l'idée des changements qu'elle subit, des souffrances
qu'elle endure, quand arrive pour elle le terrible
temps des épreuves ; car il ne manque jamais d'arriver ce temps, aussi bien pour les habitants d'une
contrée, considérés dans leur ensemble, que pour
les individus pris isolément.

Alors le cours d'eau, jusque-là si paisible et si
limpide, accélère sa marche et se montre de plus
en plus chargé de limon et de débris de toute
espèce. Il grossit à vue d'œil, remplit son canal et
l'abandonne enfin, sur tous les points qui peuvent
lui livrer passage. Les torrents qui résultent de ces
premières fuites pénètrent dans l'intérieur de la

____

(1) *Archives de la ville de Langon.*

campagne, favorisés par les ruisseaux, les fossés,
les chemins creux et autres facilités semblables. S'il
arrive qu'ils rencontrent des pentes trop rapides,
ils les ravinent et les affouillent, entraînant le sol,
déracinant les arbres, renversant les constructions
en terre ou en maçonnerie qui se trouvent sur leur
passage. S'il se présente une excavation profonde,
résultant de carrières ou autres fouilles analogues,
l'eau s'y précipite en bouillonnant et avec un reten-
tissement qui jette l'effroi dans la contrée, surtout
si c'est durant la nuit et à la faveur des ténèbres.
Mais bientôt tous ces détails de l'envahissement qui
grandit, se presse et devient général, ont cessé et
alors la scène s'est simplifiée, elle a atteint tout son
développement, toute sa majestueuse horreur : la
terre a disparu et l'eau la couvre de toutes parts. A
peine si l'on voit encore, dépassant l'immense surface liquide, quelques arbres, parmi les plus élevés;
quelques constructions, parmi celles qui occupaient
les points culminants du pays; quelques toitures
des maisons les plus habituellement respectées par
les inondations ordinaires.

Alors aussi se font entendre durant les nuits,
toujours si longues quand on craint, quand on
souffre, ce roulement, ce heurtement lugubres des
flots, sans cesse répétés par les échos lointains.
Alors retentissent dans toutes les directions les
aboiements des chiens, les mugissements des bœufs

surpris dans leurs étables et, ce qui est bien plus lamentable encore, quand on ne peut leur porter secours, les cris des malheureux submergés en proie aux horreurs de la faim, ou sentant s'écrouler sous leurs pieds les murailles, les toitures sur lesquelles ils ont cherché un refuge. Souvent aussi, c'est par des explosions d'armes à feu que sont manifestés ces besoins ou ces craintes, et cette circonstance ne laisse pas que d'ajouter encore à cet ensemble d'anxiétés cruelles et d'émotions poignantes.

Les flots qui pénètrent partout et atteignent tout, entraînent aussi avec eux bien des choses. Semblables aux bandes spoliatrices qui viennent de saccager une contrée plus faible et se retirent chargées de butin, on les voit entraînant avec eux du bois, de la paille, des fourrages, des instruments aratoires, des meubles, souvent des êtres vivants, hommes ou animaux. Sous ce dernier rapport, la tradition locale a conservé le souvenir de plusieurs faits curieux, constatés dans les grandes inondations. C'est ainsi qu'elle parle de poules, de coqs perchés sur des pièces de bois ou des tas de paille entraînés par les courants ; c'est ainsi qu'elle parle d'animaux beaucoup moins bien disposés pour pouvoir se sauver de la sorte, tels que porcs, moutons, bœufs mêmes, c'est ainsi enfin qu'elle cite le dramatique épisode d'un jeune enfant, d'un second Moïse, que son frêle

berceau soutient sur l'abîme, qu'il préserve de tout
danger au milieu de la rapidité des courants.

XII

En 1770, on vit se renouveler tous ces détails, et
des documents nombreux font foi particulièrement
de ceux que leur singularité, leur danger, où les
actes de courage et de dévouement qu'ils provoquè-
rent, devaient plus particulièrement graver dans le
souvenir des contemporains.

A Agen, dit encore le manuscrit déjà cité,
« MM. les échevins voyant un si grand malheur,
firent tout de suite construire des radeaux dans la
ville et à la Porte-Neuve, hors ville, pour aller
chercher dans les maisons les personnes que l'eau
y avait assiégées et pour porter du pain à ceux qui
ne voulaient pas sortir de chez eux. MM. les vicaires-
généraux en l'absence de l'Évêque, lors à Toulouse,
ordonnèrent le 6 Avril 1770, une procession générale
à laquelle se rendraient MM. les officiers du présidial
et MM. les échevins en robe. Tous les marchands
fermèrent leurs boutiques, sans qu'il fût ordonné,
pour assister à la procession. La plus grande partie
du peuple y assista aussi, pour prier le Seigneur
d'apaiser sa colère. Il passait sur l'eau une très-
grande quantité de bûches, fagots, chevrons, pou-
tres; beaucoup d'œuvres, des cuviers, des tonnes,

beaucoup de barriques vides et pleines de vin; des meubles de toutes espèces, des charrettes, des planches et plusieurs autres effets. »

« ...... Cette riche et magnifique plaine, écrivait un habitant de Tonneins, sur laquelle notre ville domine, était couverte d'eau. On voyait fort loin les côteaux qui servaient de rivage à cette mer, on distinguait la cime des plus grands arbres, et le faîte des maisons qui paraissaient nager sur les eaux; plusieurs de ces faîtes étaient chargés des familles désolées, leurs gémissements se faisaient entendre à travers le bruit lugubre des eaux excitées par la tempête; on voyait les pauvres victimes tendre les bras vers quelques bateliers des plus entreprenants qui tentaient inutilement de les secourir. On voyait ces misérables quitter précipitamment un coin de leur toit qui s'écroulait pour se sauver sur le coin qui subsistait encore; mille torrents particuliers, courant en différents sens, se croisaient et se heurtaient l'un l'autre, tombaient ensemble sur les maisons, semblant fuir ensuite séparément et se réunissaient enfin pour revenir à la rivière qui les repoussait encore. On distinguait le vrai lit de cette dernière par une surface plus unie, les yeux sentaient le volume immense d'eau, et sa course rapide ajoutait une sombre terreur à la crainte vive qui nous avait déjà frappés. C'est là où nous avons vu passer pendant trois jours tous les effets quelconques

de trente lieues de pays : des paillers qui se soute-
naient en entier, chargés de tout un ménage. J'ai
vu quelques-unes de ces meules de paille au moment
qu'elles se détachaient pour se rendre au grand
courant; vous auriez peine à concevoir l'espèce
d'admiration triste et morne que cela produisait sur
une âme déjà ébranlée par tant d'objets affligeants.
J'ai vu sortir d'un magasin à farine, mille barils en
différentes colonnes, se joindre, se heurter, se
séparer encore.... (1)

Dans toutes les autres localités riveraines situées
de manière à pouvoir en permettre la libre contem-
plation, comme à Leyrac, à Port-Ste-Marie, au Mas-
d'Agenais, à Meilhan, à La Réole, à Saint-Macaire,
à Langon, des faits analogues purent être observés.
Sur tous ces points, les populations épouvantées
n'avaient d'autre occupation que de suivre de l'œil
les évènements qui se produisaient autour d'elles,
que de s'en désigner mutuellement les détails, que
d'assister à l'un des plus grands et des plus saisis-
sants spectacles que puisse offrir la nature. Et pour
celles dont les habitations étaient plus éloignées du
fleuve, également préoccupées de leurs résultats,
elles ne manquaient pas de faire aux étrangers qui

---

(1) Lettre de M. Fejtis, sans date, à M. de Lamothe aîné,
avocat à Bordeaux. *Manuscrit de la Bibliothèque de la ville.*

traversaient les routes, cette interrogation à laquelle
nous-même, lors de l'inondation de Mai 1856, sur
les côteaux d'Estillac où nous cherchions le château
de Monluc (1), nous nous rappelons avoir souvent
répondu : *Garounne créch toujoure?* (Garonne croît
toujours?)

Les archives de toutes ces localités, nous le répétons, ont conservé le souvenir plus ou moins fidèle
du grand débordement, du débordement tel, dit
une note consignée par le curé de La Réole sur les
registres de l'état-civil, que la tradition n'en rappelle
pas de semblable.

A Bordeaux encore et malgré l'immense passage
livré aux eaux devant cette ville, de très-grandes
avaries eurent lieu dans ce port. ...... Le 7 Avril,
ajoute un document déjà cité, le vent avait un peu
cessé l'après-midi, ainsi que la pluie; sur le soir

---

(1) Les évènements politiques dont Monluc était témoin à
la fin de sa carrière et plus encore ceux qu'il entrevoyait
avaient produit sur ce caractère de fer une profonde impres-
sion. Il songea alors à se renfermer dans un ermitage, et
» se ressouvenant d'un prieuré assis dans les montagnes voi-
» sines de l'Espagne, il forma le projet d'y finir sa vie; ce
» projet ne put se réaliser. Il mourut en 1577, à Estillac, où
» sa famille lui éleva un tombeau qu'on y voit encore. »

(M. LABAT : *Soc. d'Agr. d'Agen.*)

Le château d'Estillac est situé sur les côteaux dominant la
rive gauche de la Garonne, vis-à-vis Agen.

les courants se trouvèrent très-rapides par la des-
cente de la marée et la chasse que donnait la force
de la souberne. A 6 heures et demie plusieurs
pontons de l'hôpital (1), des vaisseaux chassèrent
sur leurs ancres et furent en dérive sur d'autres
vaisseaux chargés ; plusieurs restèrent accrochés et
échouèrent sur le quai en dessous et vis-à-vis la
Douane. Sur les 8 heures, plusieurs navires se
trouvèrent dans le port, de façon à ne laisser aucun
vide entr'eux, depuis la porte des Salinières jusqu'à
la place Royale. Un groupe de vaisseaux resta fixe
10 minutes vis-à-vis la place Royale, parce que
celui qui avait chaviré avait la pointe de ses mâts
dans le fond de l'eau, et faisant face aux courants,
retenait tous les autres. Cet effet supérieur ne fut
pas de durée, les autres vaisseaux se dispersèrent
et s'en furent en dérive aborder les vaisseaux
hollandais mouillés vis-à-vis les Chartrons. Deux
coulèrent à fond avec de précieuses cargaisons,
plusieurs furent entraînés, leurs mâts rasés ; d'autres évitèrent ce malheur en s'échouant depuis les
Chartrons jusqu'à Laroque-de-Teau. »

Il résulte d'un procès-verbal dressé par deux
pilotes et remis à la Municipalité, le 9 Avril 1770,
qu'indépendamment des navires coulés dans le port,

____

(1) On désignait ainsi l'hospice des Enfants-Trouvés fondé
en 1659 et connu également sous le nom de *Manufacture*.

de Lormont à Laroque-de-Teau, il y avait encore un navire hollandais coulé, et trente-six autres, tant français qu'étrangers, ou jetés à la côte ou fortement avariés. « Plus, ajoutent les pilotes, nous avons rencontré deux cuves d'environ 12 à 15 tonneaux chacune..... »

XIII

Nous avons déjà dit combien furent communs, en ces tristes moments, ces faits dont la tradition garde le souvenir, ces actes de courage et de dévouement qu'elle transmet également aux générations suivantes. On nous permettra à cet égard quelques citations extraites des manuscrits ci-dessus signalés.

« A Longueville, près de Marmande, le nommé B. Bareyre, sa femme et son fils, avant que leur maison ne fût abîmée, s'exposèrent dans l'eau, s'accrochèrent au seul arbre qui résista au torrent et y passèrent la nuit et le jour suivant, qui furent des plus rigoureux en pluie, froid et tempête. Ainsi exposés, sans avoir pris aucune nourriture, prêts à succomber, ils furent sauvés par un bateau qui n'aborda qu'à force de travail et de monde. Mais ces malheureux étaient sans connaissance; leurs mains crochetées aux branches de l'arbre sur lequel ils étaient, empêchèrent longtemps de les mettre dans le bateau. On y parvint pourtant, et enfin, portés à la métairie du *Pont-du-Bayle*, ils ne recouvrèrent la parole qu'à force de les avoir réchauffés peu à peu, dans des lits et leur avoir procuré d'autres secours... »

A Gironde, à l'embouchure du Drot, ce fut une scène bien plus dramatique encore et tout-à-fait digne des chants du poète et des couleurs du peintre.

Malheureusement, les deux pièces manuscrites dans lesquelles nous pouvons en puiser les détails : une lettre du juge de Gironde, M. Rideau, du 10 Avril 1770 ; un compte-rendu conservé dans la famille de l'un des principaux acteurs de cette scène, le maître de bateau Marc-Barbe, ne s'accordent pas. La première dit que le curé de Gironde, M. Boy, se *couvrit de gloire* en devenant lui-même le patron du bateau ; l'autre laisse à Marc-Barbe ce commandement et la principale part dans les actes de dévouement que nous allons raconter.

Résolus d'arracher à la faim et aux dangers qui menacent également leur vie, les infortunés dont on entendait les cris et que l'on voyait réfugiés sur les toitures des maisons de la rive gauche du fleuve, les hardis sauveteurs partent du pont de Gironde (1),

____

(1) Un fait bien remarquable, c'est que Marc-Barbe, alors âgé de 27 ans était né en 1743, c'est-à-dire l'année du grand événement que raconte ainsi l'historien de La Réole, M. Mr Dupin : « Le Samedi 1er Juin 1743, fête de saint Clair, patron

après s'être promis toutefois de n'admettre à leur bord que des êtres humains, rejettant sans pitié tous effets dont on voudrait les encombrer, quelle que fût d'ailleurs leur valeur. Favorisés par le vent qui leur permettait de tenir tête à la rapidité du courant, ils atteignent d'abord 50 personnes qui faisaient la charge du bateau et qu'ils déposent sur le côteau de Puybarban. Entraînés par ce courant, ils redescendent vers Barie pour prendre un nouveau chargement. Ils s'approchent d'une maison dont le toit est en grande partie submergé. Un matelot reçoit un panier long qu'il s'empresse de jeter à l'eau confor-

---

» de la paroisse de Gironde, et vers 8 heures du matin, des
» habitants de la rive droite du Drot se rendaient, soit à Gi-
» ronde, pour assister aux offices, soit au marché de La Réole.
» Durant ce trajet, le batelier voulut exiger le double du prix
› ordinaire ; les passagers s'y étant refusés, ce dernier s'em-
» porta en injures et y joignit même la menace de leur *faire*
» *prendre un bain,* menace que l'exécution suivit de près :
» au moment où le bac, communément appelé *galion,* touchait
» le bord, il chavira, par une secousse violente, et les infor-
» tunés qu'il portait, au nombre de 83, furent submergés. »

Ce batelier, que l'on nommait *Grigouille,* prit la fuite et l'on ne put, en exécution d'un arrêt du Parlement, que le pendre en effigie. Cela valut en outre aux habitants dix années de corvée, pour la construction du pont servant aujourd'hui à la route impériale.

Chaque année, au même lieu, il est fait une absoute solennelle pour les victimes de cette catastrophe.

mément à la consigne ; mais un cri perçant se fait entendre, un cri d'entrailles, un cri de mère......
Là est un enfant qui vient de naître et que Marc-Barbe, aussi prompt que l'éclair, en se portant de l'avant à l'arrière de son bateau, sauve pour la seconde fois. « Marie Laborde, disent les manuscrits déjà cités, âgée d'environ 34 ans, femme de Noël Grillon, à 15 jours de terme. Son mari, son beau-père, sa servante étaient avec elle sur le toit, occupés à écarter avec des perches le bétail qui, pour se sauver, cherchait à fondre sur ce toit. Elle y resta depuis 4 heures et demie du matin, jusqu'à 4 heures après-midi et accoucha d'un garçon (1). »

Plus près de Bordeaux, les populations qu'avait atteint la *grande souberne*, furent aussi témoins d'un trait dont elles conservèrent le souvenir. « M. Cornik, négociant de Bordeaux, contraignit par menace des matelots, qui ne voulaient point d'argent, de monter avec lui un canot, dans lequel il traversa durant deux jours, à Langoiran, les habitants de l'Ile-Saint-Georges, dont les eaux submergeaient les maisons. Il transporta chez lui ces infortunés, et les hébergea jusqu'à ce qu'ils pussent revoir leurs demeures. Ce brave homme eut ensuite la modestie de ne pas reparaître à Bordeaux, pendant

_____

(1) Le nommé Noël Grillon, qui vivait encore en 1853 et habitait Castillon-sur-Garonne, canton d'Auros.

que toute la ville s'entretenait de lui, el de se dé-
rober ainsi aux applaudissements publics (1) »

Enfin dans cette ville même l'inondation se fit
aussi grandement sentir. Toute la chaussée du port
fut couverte; les caves et les rez-de-chaussée des
maisons bordant le fleuve furent envahis et l'on ne
pouvait pénétrer que par bateau au palais où siégeait
le Parlement, au palais de l'*Ombrière*.

Au surplus, nous voyons qu'un véritable deuil
public suivit ce grand évènement. Ainsi à Bordeaux
encore, ce fut sans pompe et sans éclat que se fit
le 16 Mai suivant, l'inauguration de la place Dau-
phine et la pose de la première pierre de la fontaine
monumentale qui devait en compléter la décoration.
En cette occasion, il n'y eut ni gala, ni feu d'arti-
fice, *attendu*, disent les registres municipaux, *le
malheur de l'inondation dont le pays vient d'être
affligé.*

Nous pourrions encore emprunter aux animaux
eux-mêmes quelques traits remarquables parmi ceux
qu'inspire à la nature animée l'instinct si profond et
si universel de la conservation. Les chevaux, les
chiens surtout, dans une infinité de cas, accompli-
rent, pour sauver leur vie, des entreprises qu'on
aurait supposées au-dessus de leur intelligence, de
leur force et de leur adresse. Les bœufs se montrè-

____

(1) Bernadeau : *Annales de Bordeaux.*

rent aussi très-hardis et très-entreprenants. Nous rappellerons surtout l'histoire de celui qui, pour échapper aux flots envahisseurs, avait quitté son étable, d'où l'on n'avait pu l'extraire à temps, et s'était réfugié au grenier à foin, où donnait accès une simple échelle à barreaux. Nous rappelerons aussi ceux qui, de la rive opposée, vinrent en nageant chercher un refuge à Tonneins. « L'un d'eux rencontra un rocher, s'y appuya dessus avec les jambes de devant. Un homme descendit dans le précipice, l'attacha aux cornes et pratiqua, avec une pioche, quelques petites marches du haut en bas du rocher. Cet animal dominé par la crainte du péril, gravit le talus escarpé, aidé par d'autres hommes qui le tiraient par la corde, aussi adroitement qu'aurait pu le faire une chèvre. »

Quant aux porcs, aussi nombreux que les ménages petits et grands, que l'eau avait envahis, tout leur manqua : instinct, force et courage. Dans certaines communes, il ne s'en sauva pas un seul.

<h2 style="text-align:center">XIV</h2>

Il serait inutile sans doute, après les détails ci-dessus, d'insister sur les pertes de toute nature, conséquence inévitable de cette mémorable inondation. Sans nul doute non plus, il serait plus difficile encore de faire aujourd'hui l'appréciation exacte de ces pertes.

D'après les documents dans lesquels nous puisons, 117 paroisses dont les plaintes avaient dû être centralisées à Bordeaux, depuis Pomevic, aujourd'hui dans le Tarn-et-Garonne, jusqu'à Virelade, avaient été submergées.

Des relevés qui ne paraissent, il faut le dire, ni bien complets, ni bien exacts, portent les animaux noyés à 2589; sur lesquels 1225 bœufs, 102 chevaux, 1173 brebis, etc......

Quant aux évaluations en argent, elles paraissent encore moins complètes. On pourra cependant en avoir une idée, en songeant que, dans les six localités suivantes : Aiguillon, Marmande, La Réole, Barie, St-Macaire, Cadillac, on arrivait au chiffre considérable pour l'époque, de 946,142 liv.

De minutieuses recherches furent faites dans les localités des environs de Bordeaux où viennent ordinairement, par la rencontre du reflux du fleuve, s'arrêter les objets entraînés par les eaux : objets, il faut bien le dire aussi, que trop de gens croient avoir le droit de s'approprier. Nous citerons à cet égard de longs procès-verbaux de recherches faites à La Bastide, dans la petite prévôté d'Entre-deux-Mers, dans la juridiction de Lormont, etc.

Un autre fait de la plus haute gravité qui dut préoccuper l'administration et les hommes capables de l'aider en ces tristes circonstances, c'est l'enfouissement, la disparition, au point de vue de l'hygiène, des cadavres des animaux noyés. Au début de ce grave danger, un anonyme écrivait : « S'il ne survient un ordre supérieur, exact et vigilant, pour faire enterrer profondément la quantité prodigieuse de bestiaux noyés par le dernier débordement de la Garonne, ... *il est infaillible d'éviter la peste*. Les gens, dans un désastre si désolant, sont plus occupés à les faire écorcher qu'enterrer...... »

Cet ordre fut donné, et l'on voit même que dans certaines paroisses, comme dans celle du Mas-d'Agenais, par exemple, qui avait perdu 197 bœufs, l'autorité locale en avait devancé l'exécution.

Maintenant et comme résumé de tout ce qui précède, transcrivons les quelques lignes par lesquelles le Parlement de Bordeaux terminait la communication qu'il faisait au Roi, sur ce triste sujet :

« Maisons, magasins, granges, boulangeries, cel-
» liers, métairies, fours à chaux, tuilleries, moulins
» ou autres édifices, les uns détruits de fond en
» comble et ne présentant plus que des tas de dé-
» combres, ou des masures inhabitables ; les autres
» entr'ouverts et menaçant ruine prochaine. Une
» immensité considérablement endommagée et de-
» mandant des réparations urgentes. Meubles, us-
» tensiles et effets, ou entraînés et perdus, ou brisés
» et entièrement gâtés. Sous ces vastes ruines, pro-
» visions domestiques, blé (1), farine, vin, bois de

____

(1) « Le sétier de blé, pesant 48 livres, s'est vendu jusqu'à

» chauffage, ou avariés, ou emportés. Vaisseaux
» vinaires, outils aratoires, ou fracassés, ou enle-
» vés. Marchandises et effets de commerce, bois
» merrain, planches, échalas, osier, cerceaux,
» dispersés et perdus. Gros et menu bétail noyé.
» Fourrages secs, foins et pailles, ou emportés, ou
» pourris. Récoltes sur pied de toute espèce, ou
» perdues, ou avariées. Terres à blé et prairies
» couvertes de 3, 4 et 5 pieds de gravier, ou d'un
» sable aride. Fonds dénaturés et diminués des trois-
» quarts de leur valeur. Guérets préparés pour le
» chanvre, le blé d'Espagne, etc. ou emportés et
» raclés jusqu'au sol. Vignes arrachées, arbres dé-
» racinés, plantations détruites ; murs de clôtures
» abattus ; terrains engloutis ou entraînés ; chemins
» rendus impraticables ; fondrières formées ; digues
» et chaussées renversées ; ponts rompus ; commu-
» nications coupées. Nombre prodigieux de fa-
» milles réduites à la mendicité. Le cultivateur sans
» pain, sans vêtements, sans ressources ; le pro-
» priétaire gêné par lui-même, hors d'état de le
» secourir : tel est le coup-d'œil général dont le
» détail se trouve dans des cinquante neuf procès-
» verbaux que le Parlement a l'honneur d'adresser
» à Votre Majesté. »

12 liv. prix trois fois au-dessus de celui des années communes. » Le mauvais vin nouveau, valut 12 écus la barrique,
dit le curé du Puy.

ENSEIGNEMENT AGRICOLE

LE PRÉFET DE LA GIRONDE, Officier de l'Ordre Impérial de la Légion-d'Honneur,

Donne avis que les Leçons publiques et gratuites du *Cours d'Agriculture*, professeur M. Aug. PETIT-LAFITTE, seront reprises, pour l'Exercice 1864-65, le Mardi 8 Novembre, à 7 heures et demie du soir, dans l'amphithéâtre spécial du Musée de la Ville, rue de l'Église-Notre-Dame, au fond de la cour, pour être continuées :

Tous les *Mardis* suivants, à la même heure, pour les démonstrations orales;

Tous les *Jeudis* suivants, à trois heures, pour les démonstrations expérimentales.

Bordeaux, le 15 Octobre 1864.

Pour le Préfet de la Gironde,

Le Secrétaire général délégué,

DE SORBIER DE POUGNADORESSE.

EXERCICE 1864-65

I. — LEÇONS.

1º **Leçons du soir** (Mardis à 7 heures et demie). Elles auront pour sujet, les principes élémentaires de la *Sylviculture*, dans leur application immédiate et particulière au département de la Gironde.

L'importance sociale, physique et économique des forêts et de la production du bois. — L'état forestier ancien et moderne, tant de la France en général, que du département de la Gironde en particulier. — La formation, la conservation, l'aménagement des bois. — L'étude des différentes essences forestières; celle de leurs ennemis dans les deux règnes organiques : animaux et végétaux. — L'histoire des institutions et de la législation forestière, etc.....

2º **Leçons du jour** (Jeudis à 3 heures). Essentiellement pratiques et expérimentales, ces leçons auront pour sujet, la *terre*, base de toutes les opérations agricoles, soit par rapport à sa composition, soit et principalement par rapport aux propriétés physiques que tend à y développer l'action des instruments aratoires.

Elles porteront aussi sur les sujets dont les circonstances et les besoins locaux pourraient indiquer l'utilité.

II. — Excursions.

De temps en temps, des excursions, que rendent si faciles les chemins de fer, auront lieu, afin de visiter les localités du département les plus propres aux études agricoles, et à la démonstration des explications données dans les leçons.

III. — Certificats d'Études.

Pour assurer à ceux des auditeurs qui le désireront, un moyen de constater leurs études agricoles, un certificat de présence aux leçons, une sorte de diplôme, leur sera délivré à la fin de l'Exercice. Cette pièce porte la signature du Professeur, et celle de M. le Préfet, représentant, dans le département de la Gironde, S. Exc. M. le Ministre de l'Agriculture, du Commerce et des Travaux publics.

IV. — But et Nature de l'Enseignement.

Dans les leçons du Cours d'Agriculture, les explications, sans cesser d'être simples et pratiques, se maintiennent toujours au niveau auquel a été élevée de nos jours l'Agriculture, par le progrès et le concours des autres sciences naturelles; au niveau que commande nécessairement un auditoire de ville, essentiellement composé d'hommes ayant déjà fait des études plus ou moins sérieuses et appelés, non à la pratique proprement dite, mais à la direction d'établissements ruraux.

(60)

Complément avantageux et souvent indispensable de
l'instruction universitaire, préparation aux écoles impé-
riales d'Agriculture, il offre aux propriétaires ruraux
d'utiles indications, aux jeunes gens appelés à le devenir,
de précieuses notions, à tous, des connaissances de plus
en plus indispensables dans la société.

V. — Instructions imprimées et Graines.

Dans le cours de l'Exercice, il est distribué aux auditeurs des instructions imprimées, soit sur des sujets qui
ont été traités aux leçons, soit sur d'autres également
capables de les intéresser.

Il est fait aussi des distributions de graines de grande
culture, conformément aux intentions de l'administration départementale.

Dans les premières séances, notamment, le Professeur
distribuera une variété de blé déjà introduite avec succès
dans la Gironde, la variété dite : *Blé généalogique de
Hallett*, distingué à l'exposition internationale de Lon-
dres en 1862.

Bordeaux — Imp. de P. Degréteau et Cie.